Bibliografische Information der Deutschen Nationalbibliothek:

Die Deutsche Bibliothek verzeichnet diese Publikation in der Deutschen National-bibliografie; detaillierte bibliografische Daten sind im Internet über http://dnb.d-nb.de/ abrufbar.

Impressum:

Copyright © 2017 GRIN Verlag
Druck und Bindung: Books on Demand GmbH, Norderstedt Germany
ISBN: 9783668758056

Dieses Buch bei GRIN:

https://www.grin.com/document/434500

Andreas Stadler

Die Renaturierung von kleinen Fließgewässern am Beispiel der Schwarzen Elster

GRIN Verlag

Inhaltsverzeichnis

1. Einleitung

Das Frischwasser ist eines der wertvollsten Elemente für das Leben auf unserem Planeten. Frischwasser ist äußerst nötig um die grundlegendsten Bedürfnisse eines Menschen zu erfüllen. Solche wie die Sanität, die Lebensmittelproduktion, das Erzeugen von elektrischer Energie und das Erhalten von globalen ökologischen Systemen. Obwohl 70 Prozent der Erdoberfläche mit Wasser bedeckt sind ist nur ein kleiner Teil von diesem Wasser (2,5 %) – Frischwasser, wobei um die 70 Prozent von diesem Frischwasser Gletscher sind. Im Endeffekt sind die Menschen nur fähig weniger als 1 Prozent von den Ressourcen des Frischwassers unserer Welt zu benutzen. Deshalb ist eines der größten Probleme unserer Welt in dem neuen Jahrtausend die Ressourcen des Frischwassers richtig benutzen zu lernen.[1]

Obwohl die Flüsse nur einen kleinen Teil des gesamten Frischwassers enthalten, machen solche Charakteristiken des Wassers in den Flüssen wie ununterbrochene Erneuerung und der schnelle einfache Zugang zu diesem Wasser die Flüsse zu der nützlichsten Quelle von Frischwasser für die Menschen von allen. Die Rolle der Flüsse in der Entwicklung der Menschheit ist ziemlich groß, da die Wirtschaftstätigkeit ohne die Flüsse so gut wie unmöglich ist. Flüsse dienen als Kommunikationslinien, Energiequellen, werden außerdem als Quellen für Bewässerung und für viele andere Ziele genutzt. Es waren genau die Flüsse, die in vielem den heutigen Standort der Städte und Dörfer bestimmt haben, welche an den Ufern und in den Tälern von Flüssen entstanden. Die Menschen ihrerseits beeinflussten die Flüsse auch, indem sie ihren natürlichen Reichtum und die Fruchtbarkeit der Flusstäler nutzten. In der zweiten Hälfte des zwanzigsten Jahrhunderts war der Ausmaß des anthropogenen Einflusses der Menschen auf die Fließgewässer bereits so groß, dass so gut wie jeder Mensch die Prozesse der Degradation der Flüsse empfinden konnte.

Die grundlegendsten Gründe von der Reduktion der Qualität des Frischwassers sind die folgenden: die Wasserkraft, die Urbanisierung, die Begradigung des Flussbettes, die Zerstörung der natürlichen Hochwasserkreisläufe und viele andere.[2]

In dem Zeitraum von 1990 bis 1995 ist der Gebrauch von Frischwasser in der Welt um sechs Mal angestiegen, was die Geschwindigkeit des Bevölkerungswachstums ums Doppelte übersteigt. Heutzutage wird bereits ungefähr 54 Prozent des gesamten Oberflächenabflusses genutzt, wobei unter diesem Begriff gebrauchsfähiges, sich erneuerndes Frischwasser verstanden

---

[1] Norbert Niehoff, Ökologische Bewertung von Fließgewässerlandschaften: Grundlage für Renaturierung und Sanierung, Springer-Verlag, 07.03.2013, S. 13 – 98

[2] Norbert Niehoff, Ökologische Bewertung von Fließgewässerlandschaften: Grundlage für Renaturierung und Sanierung, Springer-Verlag, 07.03.2013, S. 13 – 98

wird. Die Wissenschaftler erwarten, dass dieser Anzeiger bis zu dem Jahre 2025 bis zu 70 % ansteigt. Bereits heutzutage leben vier von zehn Menschen in Ländern, welche mehr oder weniger an Wassermangel leiden. Darunter werden Länder verstanden, in denen der Gebrauch von Frischwasser um 10% mehr beträgt, als die vorliegenden Ressourcen. Wenn die heutigen Modelle des Gebrauchs von Frischwasser nicht schleunigst verbessert werden, werden im Jahr 2025 zwei von drei Menschen in der ganzen Welt in Bedingungen von Wassermangel leben.

Das Problem mit dem Frischwasser besteht nicht nur in dem Mangel, sondern auch darin, das Schadstoffe in dieses Wasser gelangen. Dies bringt die Gesundheit der Menschen, die so ein Wasser gebrauchen in Gefahr. 1,1 Milliarden von Menschen oder ungefähr ein sechstel der Bevölkerung der Erde haben keinen Zugang zu ungefährlichem Frischwasser. 2,4 Milliarden von Menschen, was 40 Prozent der Bevölkerung ausmacht, wiederum, haben keinen Zugang zu den entsprechenden sanitären Dienstleistungen. Der Mangel an ungefährlichem Wasser und schlechte sanitäre Bedingungen sind der Grund von 80 Prozent aller Erkrankungen in den Entwicklungsländern. Aus diesem Grund sterben jährlich 5 Millionen von Menschen, was zehn mal so viel ist, wie die Anzahl der Menschen die jährlich im Laufe von Kriegen sterben. Mehr als die Hälfte dieser Opfer sind Kinder.

Die biologische Umwelt leidet ebenfalls an den Problemen die mit Frischwasser, welches in den Flüssen enthalten ist. Ungefähr 12% aller Arten von Tieren, darunter 40% aller Arten von Fischen leben in Flüssen. Flusslandschaften sind die wichtigsten Lebensräume für viele Tiere und Pflanzen.

2. Die Renaturierung von Fließgewässern

Redet man von einem Fließgewässer so versteht man darunter Abflussgerinnen, welche oberflächlich sind und zu einer Gruppe gehören, die nicht homogen ist.

Die Bedeutung des Begriffs „Renaturierung" ist vielseitig. Ein Teil der Bedeutung umfasst die Maßnahmen zur Renaturierung, ein anderer wiederum den Prozess selbst aus dem die Renaturierung besteht. Man kann diesen Prozess auch mit dem Ausdruck „Ökologische Verbesserung" bezeichnen. Wenn man den Prozess der Renaturierung analysiert, so findet man heraus, dass dieser aus drei grundlegenden Wegen besteht. Der erste Weg wird dann angewendet, wenn es problematisch oder unmöglich für dass Fließgewässer ist ohne Eingriff des Menschen wieder in sein natürlichen Zustand zurück zu kommen. In solch einem Fall redet man von dem „Ausbau" eines Fließgewässers als von der Methode der Renaturierung. Will man den Prozess der Renaturierung schneller vor sich gehen lassen, so wählt man den zweiten Weg, den man als den „Weg der Unterhaltung" bezeichnen kann. Dabei handelt es sich um eine

Renaturierung, die man in kleinen Schritten vor sich gehen lässt. In dem Fall, wenn gerade Bäche und Flüsse die durch das Bergland fließen zu renaturieren sind wendet man den dritten Weg als Methode an. Hierbei geht es um die „Unterlassung". Das bedeutet, dass der Fluss weiterhin ohne Einfluss des Menschen existiert, und auf diese Weise mit der Zeit in seinen natürlichen Zustand zurückkommen kann. Zum größten Teil handelt es sich in dieser Arbeit um eine solche Art von Renaturierung von Fließgewässern, die als der zweite Weg, also als der Weg der Unterhaltung beschrieben wurde.[3]

Die Geschichte der Entwicklung der Technologien aus denen zu unserer Zeit die Renaturierung von Fließgewässern entstanden ist, greift auf mehrere Jahrhunderte zurück. Die Täler bei den Flüssen und Bächen waren in Deutschland wie auch in ganz Europa bis zum Ende des fünfzehnten Jahrhunderts rund um das ganze Jahr vernässt und dauernd überschwemmt, was ein großes Problem für die landwirtschaftliche Nutzung dieser Landschaften war. Daraus machten die Menschen schon im Mittelalter den Ausschluss, dass hier ein Eingriff des Menschen in die Natur nötig ist. Und so versuchte man schon damals die Bachbetten, die flach und krümmungsreich waren, wie zu vertiefen, so auch kanalartig umzubauen, mit dem Ziel diese Landschaften wirtschaftlich nützlicher zu machen. Wenn dann näher zu unserer Zeit zu dem extrem schnellen technischen Fortschritt kam, wurde aus diesen primitiven Weisen der Renaturierung das, was wir heute als Renaturierung beobachten. [4]

Erstmals diente der Eingriff des Menschen in die Existenz von Fließgewässern dazu vor Hochwasser zu schützen, für bessere Bedingungen für Schifffahrten, oder ebenso für die Gewinnung von Energie. In einem großen Maße legte man Gewässerauen trocken, begradigte die Flussläufe, und entfernte Hindernisse zum Abfluss. Aus der Sicht der Landwirtschaft diente dies zum Gewinn von Flächen die optimaler zu kultivieren waren, führte jedoch zu kritischen ökologischen und Gewässermorphologischen Folgen. Im hydrologischen Aspekt führte das Eingreifen in das Leben der Fließgewässer zu der Destruktion von Hoch- und Niedrigwasserprozessen. War das Hochwasser stark, so ging eine mechanische Störung vor sich was das Flussbett angeht. Kies und Steine rollten flussabwärts, und dadurch wurden Lebensräume, die von vielen lebenden Organismen bewohnt sind zerstört. Maßnahmen die man als laufglättend bezeichnen kann hatten ähnliche Nachfolgen, sie rotteten kleine Organismen aus.

Und erst in den letzten Jahrzehnten reiften in dem Weltbild von den Wissenschaftlern und den Menschen, die in der Landwirtschaft arbeiten die Vorstellungen, denen nach die Erhaltung der

---

[3] Knut Kaiser, Bruno Merz, Oliver Bens, Reinhard F. Hüttl, Historische Perspektiven auf Wasserhaushalt und Wassernutzung in Mitteleuropa, Waxmann Verlag, 2012, S. 9 – 165

[4] Knut Kaiser, Bruno Merz, Oliver Bens, Reinhard F. Hüttl, Historische Perspektiven auf Wasserhaushalt und Wassernutzung in Mitteleuropa, Waxmann Verlag, 2012, S. 9 – 165

Ökologie und der gesunden Natur wichtiger sind als ökonomische Faktoren. Dies führte dann dazu, dass die Renaturierung von Fließgewässern weit verbreitet wurde. Wenn es sich um das Ziel von Renaturierung handelt, geht es nicht nur darum ein Zustand des Fließgewässers zu erreiche der so naturnah wie möglich ist, sondern mehr darum dass für das Fließgewässer unterschiedliche Ziele entstehen, die hervorgehen aus philosophischen Konzepten bei den es sich um den anthropogenen Einfluss auf die Natur handelt. [5]

Weil man bei einer großen Menge von Quellen sagen kann, dass diese bereits stark verbaut worden sind, und beeinflusst sind von hohen Stoffausträgen aus dem Gebiet des Einzugs des Flusses, entstehen solche Entwicklungsziele wie dass die Fassungen dem Rückbau unterliegen, die landwirtschaftliche und die forstwirtschaftliche Nutzung muss extensiviert werden, ein Trockenfall der dadurch entstehen kann dass der Grundwasserspiegel sich anhebt muss verhindert werden, und außerdem soll die Qualität des Wassers verbessert werden dadurch dass man die Nutzung in dem Einzugsgebiet anpasst. Handelt es sich um die Renaturierung des Ober- und Mittellaufs eines Flusses, was man als der Renaturierung eines Rhithrals des Flusses bezeichnet, kann es dazu kommen dass die Ufer überformt werden. Das passiert dadurch, dass Sicherungen als Verbesserungsmaßnahmen zum Hochwasserschutz vorgenommen werden und ebenfalls durch die energetische Nutzung des Fließgewässers. Weiterhin kann man sagen, dass viele Flüsse in diesem Teil des Laufes hoch belastet sind durch Schadstoffe und ebenfalls durch Abwässer. Daraus kann man den Ausschluss machen, dass künstliche Stauungen hier abgebaut werden müssen, damit die Durchgängigkeit des Flusses besser ist. Des weiteren sollte man dafür sorgen, dass durch solche Maßnahmen eine normale Erosion entsteht, und auch für die Wiederherstellung von der Ufervegetation, damit nicht nur normale Beschattung entsteht, sondern auch genügend Totholz und Falllaub in das Wasser des Flusses gelangen. Dabei bildet die Ufervegetation eine Pufferzone zwischen dem Fluss selbst und seinem Einzugsgebiet. Außerdem kann man noch weitere Ziele dieser Maßnahmen auflisten, solche wie dass die Natürlichkeit der Morphologie des Gewässers und von Altarmen wiederhergestellt wird, und dass die Qualität des Wassers steigt. Für den restlichen Teil des Laus, welcher als Unterlauf bezeichnet wird entstehen ziemlich ähnliche Entwicklungsziele. Der Zustand des Unterlaufs unterscheidet sich dadurch von der Situation der Rithrale, dass aus dem Oberlauf in den Unterlauf viel Nährstoff eingetragen wird. Dies führt durch die wenig Beschattung und der großen Breite des Fließgewässers zu sehr hoher Planktonentwicklung. Dadurch entstehen solche Probleme wie die Ablagerungen von Faulschlamm, Sauerstoffmangel und im Endeffekt zu Störungen von dem biologischen Gleichgewicht des Flusses. In den meisten Fällen wird mit den

---

[5] Knut Kaiser, Bruno Merz, Oliver Bens, Reinhard F. Hüttl, Historische Perspektiven auf Wasserhaushalt und Wassernutzung in Mitteleuropa, Waxmann Verlag, 2012, S. 9 – 165

Maßnahmen zur Renaturierung im oberen Lauf eines Flusses begonnen, da durch solche Erscheinungen wie Sandtreiben und die Freisetzung von Nährstoff ansonsten die Teile des Flusses, an denen bereits Renaturierungsmaßnahmen vorgenommen worden sind wieder negativ beeinflusst werden würden.[6]

In der Wissenschaft heißt es, das eine vollständige Renaturierung eine solch schwierige Aufgabe ist, dass man davon reden kann, das dies nur theoretisch möglich ist. Das ist der Grund dafür dass man in der Wissenschaft öfter von einer „Revitalisierung" spricht, da diese ralitischer zu erreichen ist.

3. Internationale und nationale Organisationen für den Schutz von Flüssen

Als erste von solchen Organisationen wäre das IRN zu erwähnen. IRN bedeutet „International Rivers Network". Diese Organisation entstand in dem Jahr 1985 und bestand damals aus freiwilligen Aktivisten, welche Erfahrung hatten im Umgang mit so einer Art von wissenschaftlicher Arbeit wie das bekämpfen von ökonomisch und ökologisch unberechtigten Projekten in denen es sich um Flüsse handelte. Heutzutage hat diese Organisation mehr als zwanzig offizielle Mitarbeiter und ein weltweites Netz, welches Experten, Studenten, Sponsoren und freiwillige Mitarbeiter umfasst. Diese Organisation stellt die folgenden Ziele vor sich: den Prozess der Degradation von Flusssystemen zu stoppen, die Menschen dazu zu motivieren die Flüsse kennen zu lernen, zu verstehen und zu respektieren, und bei all den Projekten mit zu wirken, die eine Alternative zu Projekten von dem Bau von Dämmen und von Begradigungen bieten. Das IRN führt eine Strategie die aus zwei Ansätzen besteht, genauer genommen vereint die Organisation die Arbeit in der Richtung von der Veränderung der globalen Politik, und in der Richtung von der Realisation von konkreten Schlüsselprojekten. Weitere Methoden die von dem IRN angewendet werden sind die komplexe Forschung der vorhandenen Probleme, die kritische Analyse von Projekten und deren Alternativen, die Vorträge von Aktivisten, das Monitoring und die Kritik von finanziellen Anstalten und ebenfalls der Weltbank, und die Suche nach dem Geld für Kampagnen. Die Organisation gibt viele Bücher und wissenschaftliche Vorträge heraus, in welchen es sich um die Fragen die die Renaturierung von Flüssen angehen heraus.[7]

Die nächste Organisation die zu erwähnen ist, ist das ERN, - das European Rivers Network. Es vereint die Verbände und die Organisationen die mit Fließgewässern arbeiten und verbessert die

---

[6] Heinz Patt, Fließgewässer- und Auenentwicklung: Grundlagen und Erfahrungen, Springer-Verlag, 22.02.2016, S. 6 - 165

[7] Jörg Bergstedt, Biotopschutz in der Praxis: Grundlagen -Techniken - Fordermoglichkeiten - Grundlagen - Planung – Handlungsmöglichkeiten, John Wiley & Sons, 19.09.2012, S. 1 - 89

Kommunikation zwischen diesen Organisationen um ihre Funktionalität im Bereich des Schutzes von Flüssen zu verbessern. Das ERN besitzt eine eigene Webseite – das RiverNet die Information über Flüsse und ebenfalls über existierende Probleme, Projekte und Kampagnen und über das erfolgreiche Wirken der Organisation in dem Bereich des Schutzes der Fließgewässer enthält. Ein anderes Projekt des ERN war die Entwicklung des Geoinformationellen Systems (des GIS) für die Flüsse von Europa und deren Becken, dieses System enthält grundlegende Daten über diese Objekte und Daten über Organisationen, die Arbeiten an diesen Flüssen und in deren Becken durchführen. Die Organisation hat viele Projekte angehend des Schutzes von Flüssen in Europa durchgeführt und hat an vielen großen Projekten teilgenommen.[8]

In den USA spielte die selbe Rolle das „American Rivers". Überhaupt gibt es in Amerika 5,6 Millionen von Kilometer von Fließgewässern, und 3 Tausend von öffentlichen Flussgruppen. Das American Rivers ist eine Organisation für Umweltschutz von nationaler Bedeutung, welche sich mit dem Schutz und der Renaturierung der Flusssysteme der USA beschäftigt. Das American Rivers entstand 1973 und verfügt heute über 30 000 Mitglieder. Das AR entwickelte ein System der Verallgemeinerung der Erfahrung von öffentlichen Organisationen die im Bereich des Schutzes von Flüssen arbeiten, durch ökologische Ausbildung und ökologische Expertise, die Resultate welcher auf nationalem Niveau anerkannt werden. Die Resultate von erfolgreichen Projekten der Organisation sind die Rettung von 35 Tausend von Kilometern von Flüssen nationaler und regionaler Bedeutung und 2,2 Millionen von Hektar von Flusslandschaften. Andere Bereiche und Programme der Wirkung des AR sind die Kontrolle von Hochwasser, die Reform der hydroenergischen Politik, der Schutz von Flusslandschaften, Wasserqualität und Flüsse in den Städten. Die Umweltschutzfunktionen des AR sind auf drei Schlüsselelemente aufgeteilt: die Einzugsgebiete, die Natürlichkeit der Fließgewässer und die Flussufer. Jährlich im Laufe der letzten 15 Jahre bereitet die Organisation Berichte vor über Flüsse die besonders bedroht sind. Ebenfalls führt das AR Kampagnen durch für das Abschaffen von sinnlosen Dämmen.

Ein weiteres Beispiel der gesellschaftlichen Aktivität zum Schutz der Flüsse ist das „Netz der Russischen Flüsse". Es entstand im Laufe der zehnten öffentlichen Konferenz „Tage der Wolga – 99", wobei die Wolga einer der größten Flüsse Russlands ist. Die Konferenz fand statt am 21 – 23 Oktober 1999 in Novgorod. An der Konferenz nahmen Vorsteller von 35 Regionen Russlands teil. Die Organisation entstand aus einer zehnjährigen ökologischen Bewegung „Lasst uns dem Fluss helfen" die zum Schutz der Wolga wirkte. Die neuentstandene Organisation sollte nun zum Schutz aller Flüsse Russlands wirken. Zu einem Teil der neuen Organisation sind sind solche

---

[8] Jörg Bergstedt, Biotopschutz in der Praxis: Grundlagen -Techniken - Fordermoglichkeiten - Grundlagen - Planung – Handlungsmöglichkeiten, John Wiley & Sons, 19.09.2012, S. 1 - 89

öffentlichen Bewegungen geworden wie „das Flussnetz der Oka", „das Komitee des Schutzes des Amur", „die Abteilung des russlandweiten Umweltschutzes von Irkutsk" und sehr viele andere. Die wichtigsten Problem Erscheinungen an den die Organisation arbeitete waren Dämme, chemische Verschmutzungen, und kleine Fließgewässer. So nahmen die Mitglieder der Organisation zum Beispiel teil an dem Projekt „Unter dem Schutz des Netzes der russischen Flüsse", welches von der privaten wohltätigen Stiftung „DOEN" aus Holland unterstützt wurde. Die Ziele des Projektes bestanden darin 6 kleine Fließgewässer in 6 Regionen des Landes unter besonderen Schutz zu nehmen und dort geschützte Modellnaturgebiete zu erschaffen.[9]

Als letztes Beispiel ist das „WWF", - die weltweite Stiftung der wilden Natur („World Wildlife Fund") zu erwähnen. Diese Stiftung ist die größte und die angesehenste Stiftung für Umweltschutz in der Welt. Sie entstand in dem Jahr 1961.

Andere bedeutende Organisationen die sich mit dem Schutz und der Renaturierung von Fließgewässern beschäftigen sind solche wie das „Global Water Partnership (GWP)", welches alle Aktivitäten zum Schutz von Gewässern mit allen Mitteln unterstützt; das „World Water Council", dass als Ziel die weltweite Vereinigung aller Organisationen für Wasserschutz sieht; die „Water Academy", welches interdisziplinäre Foren organisiert, die sich mit den Fragen von Wassermanagement befassen, das „Freshwater Action Network (FAN)", das „World Comission on Dams (WCD)", das „European Centre for River Restoration (ECRR)", und viele andere.

4. Beispiele von Projekten der Renaturierung von Fließgewässern

In einer der industriellen Städte Amerikas, in Cleveland (Staat Ohio), fließt der Fluss Cuyahoga, den man in Amerika „der gewundene Fluss" nennt. Er ergießt sich in den Erisee. Der Fluss ist 161 Kilometer lang, die Fläche seines Beckens ergibt 2105 Quadratkilometer. Diese Fläche ergibt ungefähr 3 Prozent des Territoriums des Staates, jedoch leben auf dieser Fläche 15 Prozent der Bevölkerung von Ohio, was ungefähr 1,6 von Millionen von Menschen ergibt.[10]

Die Zeitung „Time" hat diesen Fluss einmal so beschrieben: „Das ist ein Schokoladenbraunes, mit Erdöl und Bläschen von aufgelösten Gasen bedeckter Fluss, der eher durchsickert als fließt." Die Bewohner von Cleveland scherzten: „Wenn du in diesen Fluss fällst, ertrinkst du nicht, - du wirst dich einfach auflösen." Und eines Tages, am 21 Juni 1969, begann der Fluss einfach zu brennen. Das Erdöl und die vielen synthetischen Reste auf der Wasseroberfläche haben sich

---

[9] Jörg Bergstedt, Biotopschutz in der Praxis: Grundlagen -Techniken - Fordermoglichkeiten - Grundlagen - Planung – Handlungsmöglichkeiten, John Wiley & Sons, 19.09.2012, S. 1 - 89

[10] Wolfgang Dickhaut, André Schwark, Karin Franke, Fließgewässerrenaturierung heute: auf dem Weg zur Umsetzung der Wasserrahmenrichtlinie, BoD – Books on Demand, 2006, S. 6 – 42

einfach entflammt. Das Feuer erhob sich bis zu 15 Metern. Dieser Fall ist zu dem Symbol von industrieller Verschmutzung der Umwelt geworden. Viele Bewohner haben angefangen Cleveland zu verlassen, und nur kleine Gruppen von Einwohnern versuchten die Umweltprobleme zu lösen. Das waren Ingenieure, Wissenschaftler und politische Akteure. In Achtziger Jahren wurde diese Aktivisten richtig aktiv. 50 Gruppen vereinten sich und ergaben die Organisation „Cleveland tomorrow". Diese Einwohner der Stadt entwickelten den „Plan der Renaturierung des Flusses Cuyahoga". Die Gesellschaft beeinflusste die Situation dermaßen, dass zum Beispiel die Fabrik für Gummiproduktion eine große Menge von Geld ausgab und mächtige Reinigungsgebäude errichtete. Heute, mehr als 30 Jahre seit damals kann man den Fluss Cuyahoga nicht rein nennen. Nicht so rein, dass sich dort Forellen vermehren könnten, jedoch kehrten bereits 25 Arten von Fischen in den Fluss zurück. Dieser Fall ist das beste Beispiel für erfolgreiche Aktivität zu der Renaturierung und dem Schutz von Flüssen.

Ein anderes universales Beispiel von der Renaturierung von Flüssen ist das Projekt „Loire Vivante" - „die lebendige Loire". Die Loire wird „der letzte wilde Fluss in Westeuropa" genannt. Dies ist so wegen der Abwesenheit von relativ großen Dämmen. Das Becken der Loire wird von vielen seltenen Pflanzen und Lebewesen bewohnt. Arten von Lachs migrieren immer noch in dem oberen Lauf des Flusses, obwohl die Anzahl dieses Lachses sich in der letzten Zeit stark verringert hat. In dem Jahr 1986 entschied die französische Regierung in dem Oberen Lauf der Loire 4 große Dämme zu bauen. In dem selben Jahr wurde von den WWF (World Wildlife Fund) gemeinsam mit anderen ähnlichen Organisationen das Projekt „Loire Vivante" erstellt.[11] Das Netz Loire Vivante sollte dazu dienen den Status der Loire als den eines wilden Flusses zu erhalten, und den Bau der geplanten Dämme nicht zu zulassen. In dem Jahr 1988 wurde das Komitee „SOS Loire Vivante" gegründet mit dem Ziel dem Bau eines der geplanten Dämme entgegen zu wirken. Bald danach fanden das erste Treffen der Delegation der „Loire Vivante" mit dem Minister für Umweltschutz von Frankreich und die erste große Demonstration, die von der Organisation „Loire Vivante" durchgeführt wurde statt. Jedoch genehmigte die Regierung im folgenden Jahr den Bau des Dammes. Die Mitglieder der Loire Vivante nahmen im Laufe von Protestaktionen den Platz der für den Bau des Dammes vorgesehen war ein und befreiten ihn im Laufe der folgenden fünf Jahre nicht mehr. Als Antwort darauf hielt die Regierung das Projekt des Baus an und bot der Organisation an ein alternatives Projekt zu entwickeln, das von dem Ministerium für Umweltschutz finanziert werden würde. In den folgenden Jahren gab die Regierung immer mehr nach, die Mitglieder der Organisation für den Schutz der Loire waren sehr aktiv und führten ein Projekt nach dem anderen durch. Sie wirkten auf die Regierung ein,

---

[11] Wolfgang Dickhaut, André Schwark, Karin Franke, Fließgewässerrenaturierung heute: auf dem Weg zur Umsetzung der Wasserrahmenrichtlinie, BoD – Books on Demand, 2006, S. 6 – 42

bis hin zu Treffen mit großen Politikern und formten die Strategie der Regierung mit. Und so kam es bald dazu, dass der Minister für Umweltschutz den Bau von noch zwei Dämmen absagte. Näher hin zu dem Jahr 2000 veränderte sich unter der Einwirkung der Loire Vivante dann überhaupt alles. Die Regierung sah hunderte von Millionen von Dollar vor für die Renaturierung des Flusses Loire. Es wurden sämtliche Dämme, die vor dem Anfang des Wirkens der Organisation Loire Vivante erbaut worden sind abgeschaffen. Der Fluss wurde Renaturiert. Es hat um die 16 Jahre herum von Aktivität der Protestierenden gedauert um den Fluss zu retten, und eben so lange gaben die Mitglieder der Organisation nicht auf.[12]

Um ein weiteres Beispiel von Projekten für Schutz und Renaturierung von Flüssen vorzuführen, kann man von dem Projekt „Lebendiges Wasser'", welches wiederum von dem WWF initiiert wurde, berichten. Das Projekt begann in dem Jahr 1999. Die Organisation war fest davon überzeugt, dass die Ressourcen von Frischwasser und die ökologischen Systeme von Frischwasser nur dann erhalten bleiben werden, wenn das Wassermanagement sich verbessert. Als eigene Ziele sah die Organisation solche Punkte wie der Schutz der Feuchtgebiete. Das WWF plante in den Jahren 2004 bis 2007 30 Millionen von Hektar von Frischwasser-Feuchtgebieten zu beschützen. Den Schutz und das Wiederherstellen von den ökologischen Prozessen in den Flüssen. Dabei ging es darum, bei der Renaturierung von 50 Flussbecken mitzuwirken und um die zehn Projekte herum, die Flüssen schaden, aufzuhalten. Die Veränderung der Politik und der Praxis im Business und in der Landwirtschaft. Hier ging es darum die Wirtschaftsmechanismen zu benutzen, die zu dem Erzeugnis von Produktion beitragen können, deren Herstellung keinen Schaden für Umweltschutz bedeutet. Einer der grundlegenden Teile des Projektes „Lebendiges Wasser" war die Initiative „Lebendige Flüsse".

Das WWF hat eine große Erfahrung der Arbeit in 14 Becken von den größten Flüssen der Welt, solchen wie Donau, Gang und andere. Die Organisation nahm teil an mehr als 50 Projekten, in denen es sich um Flüsse handelte, in 19 europäischen Ländern.[13]

---

[12] Wolfgang Dickhaut, André Schwark, Karin Franke, Fließgewässerrenaturierung heute: auf dem Weg zur Umsetzung der Wasserrahmenrichtlinie, BoD – Books on Demand, 2006, S. 6 – 42

[13] Wolfgang Dickhaut, André Schwark, Karin Franke, Fließgewässerrenaturierung heute: auf dem Weg zur Umsetzung der Wasserrahmenrichtlinie, BoD – Books on Demand, 2006, S. 6 – 42

5. Flussmorphologie

Als vor Jahrzehnten die ersten Versuche stattfanden, die Gewässerbetten so nach zu bauen, dass sie wieder naturnah werden würden, kamen die Menschen, die an diesen Versuchen arbeiteten, zu dem Ausschluss, dass dies einerseits viel zu teuer ist und andererseits uneffektiv. Damals kamen die Wissenschaftler zu dem Ausschluss, dass die Elemente der Flussmorphologie, die die grundlegenden Voraussetzungen bilden für das gesunde Funktionieren des Fließgewässers nur auf natürliche Weise entstehen können, und damit zu der Meinung, dass das Ziel einer Renaturierung darin besteht dem Gewässer für die Möglichkeit zu sorgen, sich auf natürliche Weise zu entwickeln. Von Natur aus strebt ein Fluss dazu, durch Sedimentation und Erosion die typische Struktur eines Gewässers her zu stellen. Wenn diese Struktur entweder durch das Eingreifen des Menschen oder durch den Einfluss von Naturkräften verändert, so versucht der Fluss seine natürliche Struktur selbst wieder zu erreichen. Solche Entwicklungsprozesse der natürlichen Regeneration teilen die Wissenschaftler in die folgenden fünf wichtigen Parameter ein. Das sind die Querprofil- und die Längsprofilentwicklung, die Laufentwicklung, die Sohlenstruktur und die Uferstruktur. Als verantwortlich für die Laufentwicklung gelten die Ufererosionen, die wechselseitig sind und für die man den Begriff Krümmungserosion verwendet. Des weiteren ist die Erscheinung der Krümmungserosion ebenfalls verantwortlich für die Querprofilentwicklung, die in dem Verhältnis von Tiefe und Breite besteht. Das Längsprofil entsteht dank gestürzten Bäumen, Verengungen und den Ansammlungen von Trockenholz. Dieses Profil an sich besteht in Schnellen, Bänken oder Furten. Für die Uferstruktur sind die Uferbäume am wichtigsten. Diese Bäume stürzen und dies ergibt ein gesundes natürliches funktionieren der Uferstruktur. Zwischen dem Ablagern der Fein- und Grobgeschiebe gibt es Unterschiede und das führt dazu, dass sich regelmäßige Querbänke ergeben, und diese Erscheinung ist wiederum für die Konstitution der Gewässersohle verantwortlich. [14]

Der Prozess der Regeneration des Flusses geht allmählich vor sich. Als erstes entwickeln sich dabei der Lauf- und der Querprofil. Dies geschieht durch die Breiten- und die Krümmungserosion. Redet man von einer Krümmungserosion so versteht man darunter eine solche Erosion des Ufers, welche dazu führt dass die Krümmung des Laufes des Gewässers zunimmt. Der Lauf wird durch die Krümmung verändert. Die natürlichen Flüsse haben Gewässerbetten mit einer solchen Breitenerosion, die unter dem Einfluss von natürlichen Hindernissen, Bänken und der Vegetation der Ufer, unterschiedlich breit und tief ist, und darauf zustrebt ungleichmäßige Form anzunehmen und eine möglichst breiter zu sein. Wenn das Ufer

---

[14] Heinz Patt, Fließgewässer- und Auenentwicklung: Grundlagen und Erfahrungen, Springer-Verlag, 22.02.2016, S. 6 - 165

durch das Eingreifen des Menschen verbaut wird, und das Hindernisse für eine natürliche Breitenerosion ergibt, beginnt der Fluss Tiefenerosion aufzuweisen. Wenn sich die Breite dabei nicht verändert, so erhöht sich der Ufererosionsdruck. Auf diese Weise kommt man zu dem Ausschluss, dass einer der wichtigsten Punkte bei der Renaturierung von einem Fluss in der Ufererosion besteht. Will man es erreichen dass die Regenerations- und Erosionsfähigkeit des Flusses wieder hergestellt werden, so muss man den Verbau des Ufers aufheben und entfernen. Ein strukturell differenzierter Verlauf des Gewässers bildet eine weitere wichtige Vorraussetzung für eine normale Ufererosion. Dazu sind Auslöser von Turbulenz und Strömungswender nötig. Wenn man die Nachfolgen von dem Einfluss des Menschen, solchen wie zum Beispiel Eintiefungen beheben, so kann man in den Fluss massiv Totholz geben, das führt dann zu hydraulischen Wirkungen. Dies kann eine Rückstauung sein oder erhöhte Ungleichmäßigkeiten, was den natürlichen nahe Bedingungen für das Fließgewässer ergibt.

Ist die Gliederung der Sohle gut entwickelt, und das Muster der Strömung vielfältig, so entspricht dies ebenfalls einer vielfältigen Fauna. Ist das Verhältnis von Tiefe und Breite richtig und natürlich entsteht dadurch ein großer Lebensraum für die vielfältige Fauna. Dafür wie eng der Fluss als natürlicher Lebensraum mit den Lebewesen die diesen Lebensraum bewohnen zusammenhängt kann man als Beispiel eine willkürliche Fischart beschreiben;

In Kiesbetten, die stark überströmt sind, wird der Laich deponiert. Wenn die Larven geschlüpft sind bewegen sie sich zunächst in die Tiefe in das Kies so lange wie sie sich noch vom Dotter ernähren können. Ist der Dotter dann aufgebraucht beginnt die normale Nahrungsaufnahme. Das geschieht in flachen Zonen mit armer Strömung und erst dann wenn die jungen Fische älter werden ziehen sie um in Bereiche wo die Geschwindigkeit der Strömung höher ist. Sind die Fische dann erwachsen, leben sie im tiefen Wasser. [15]

Des weiteren gibt es Lebewesen, die nur solche Bereiche bewohnen können, in denen der Boden oft überschwemmt wird und wieder genügend durchlüftet wird im Laufe der Trockenperioden. Als solche Bereiche dienen die Auenbereiche, die durch stark wechselnde Wasserstände ausgezeichnet sind. Der Lebensraum von verschiedenen Arten von Tieren und Pflanzen wird zerstört, wenn Stauhaltungen gebaut werden. Ein solcher Bau führt zu zwei Dauerzuständen. Der erste davon kann als „dauerhaft überschwemmt" bezeichnet werden, der zweite wiederum als „dauerhaft trockengelegt". Die Entwicklung von der Morphologie eines Gewässers kann man als einen sehr langsamen Prozess beschreiben dauert es in den meisten Fällen viele Jahrzehnte bis sie wieder ihren natürlichen Zustand erreicht. Aus diesem Grund dauert es sehr lange bis die Besiedlung mit Pflanzen und Tieren wiederhergestellt ist. Es ist

---

[15] Heinz Patt, Fließgewässer- und Auenentwicklung: Grundlagen und Erfahrungen, Springer-Verlag, 22.02.2016, S. 6 - 165

festgestellt worden, dass die Regeneration der Vegetation die als bachbegleitend beschrieben werden kann viel schneller vor sich geht als die Wiederkehr der Tiere in die für sie vorgesehenen renaturierten Lebensräume. Dies kann man dadurch erklären, dass viele Arten die ein Teil der Ufervegetation sind, einerseits ziemlich anpassungsfähig sind, sich andererseits effektiv ausbreiten. Es gibt zwar auch Tiere von den man sagen kann, dass sie im Laufe von wenigen Jahren vollwertige Population ergeben können, aber das sind nur sehr wenige Arten, Für vor allem bedrohte Arten trifft dies jedoch nicht zu.[16]

6. Die Renaturierung von kleinen Fließgewässern am Beispiel der Schwarzen Elster

Die Wasserwirtschaftsverwaltung, die für den Landschaftswasserhaushalt der Schwarzen Elster verantwortlich ist, und unter welcher wie lokale Eigentümer so auch andere Akteure verstanden werden steht zum aktuellen Zeitpunkt vor einer Reihe von schwierigen Aufgaben. Diese Verwaltung muss den kommenden klimatischen Veränderungen und dem negativen Einfluss der Landwirtschaft fertig werden. die Niederungen der Schwarzen Elster in dem Mittel- und Unterlauf sind komplex melioriert und das Wasserdargebot muss so behandelt werden, dass das Wasser das zur Verfügung steht weder zu viel noch zu wenig ist. Zu der Anpassung des Wasserhaushalts den Nutzungsansprüchen sind in den letzten 200 Jahren eine große Menge Maßnahmen des Wasserbaus durchgeführt worden. Bei der Analyse der Probleme der biologischen und kulturellen Situation der Schwarzen Elster wird besonders auf die historische Entwicklung des Flusses geachtet ebenso wie auf die aktuelle Situation um die Renaturierung der Schwarzen Elster herum.

Der Fluss Schwarze Elster entspring bei Kamenz (Lausitzer Bergland) und fließt bei der Gasamtlänge von 179 km durch die Bundesländer Sachsen, Brandenburg und Sachsen-Anhalt. Bei Elster mündet sie in die Elbe. Der Fluss wurde wieder und wieder verbaut. In dem Oberlauf hat dieser Fluss eine Strukturgüte 5-7, im Mittellauf sind es 6-7, und im unteren lauf 3-4. Außer Stauen und Wehren sind es noch Sümpfungsgewässer und Abwässer aus der Industrie und den Städten wirkten auf die Flora und Fauna des Flusses ein. Es starben wiederholt Fische aus. Heute hat sich der Fluss schon einigermaßen erholt und biologisch regeneriert. während der Arbeit an diesem Bericht wendeten sich die Autoren außer Bohrkernen und Pegeldaten auch an Karten zu dem Sammeln von Information. Um das Untersuchungsgebiet zu bearbeiten wurden Karten, die in verschiedenen Zeitabschnitten entstanden, genommen und in einem Geographischen Informationssystem berechnet. Aus solchen Quellen, wie Kommunale Akten, Akten der

---

[16] Heinz Patt, Fließgewässer- und Auenentwicklung: Grundlagen und Erfahrungen, Springer-Verlag, 22.02.2016, S. 6 - 165

Provinzverwaltung und die der Ministerien wurden Daten gewonnen wie Hochwasserereignisse, Binnenentwässerung und andere, des weiteren wurden diese Daten systematisch analysiert.

Im Laufe der Geschichte erlebte die Landschaft in der sich die Schwarze Elster befindet viele Wandel und Umbrüche. So zum Beispiel wenn die Wassermühlen eingeführt wurden began für diese Landschaft eine ganz neue Ära. Die Menschen waren zu dieser Zeit darauf abgesehen so viel Nutzen wie nur möglich aus einer Landschaft zu gewinnen, und kümmerten sich nicht für die biologischen Nachfolgen für die Natur. In dem Jahr 1847 lag der Anteil an Ackerland in Schraden noch bei 12 Prozent, so waren es 1990 bereits 43%. Die Feuchtwiesen verwandelten sich fast ganz in Trockenwiesen. Als die biologischen Probleme mit der Schwarzen Elster dann begannen wurde von der Elstergenossenschaft manifestiert, dass dieser Fluss einen der „Opferflüsse" von Deutschland darstellt. Das war für den Bergbau und für die Industrie so etwas wie eine Legitimation, obwohl das ungünstig für die Landwirtschaft war. [17]

Die neunziger Jahre waren die Zeit großer Umbrüche, wie gesellschaftlicher, so auch technologischer. Zu dieser Zeit fand ebenfalls eine große Deindustrialisierung statt. Es sollte jedoch noch 15 Jahre auf sich warten lassen bis diese Landschaft auf neue Weise bewirtschaftet werden würde. Im Laufe dieser Zeit entwickelte sich die ökologische Situation der Landschaft um die Schwarze Elster herum ziemlich negativ. Im Jahre 2000 wurde dann die EU – Wasserrahmenrichtlinie eingeführt. Und damit begann für den Fluss die Zeit der Renaturierung. Es entstand das Modellprojekt der Renaturierung der Schwarzen Elster, welches eine große Menge von finanziellen Mitteln für die Revitalisierungsmaßnahmen an dem Fließgewässer vorsah.

Die Renaturierung kann man mehr als ein Konzept als eine Maßnahme bezeichnen, wie das Beispiel der Schwarzen Elster zeigt. Die ersten Initiativen für einen naturnahen Wasserbau an diesem Fluss datieren sich noch auf die 1930 – er Jahre. Jedoch wurden ähnliche Maßnahmen auf Praxis erst zu unserer Zeit durchgeführt. [18]

---

[17] Knut Kaiser, Judy Libra, Bruno Merz, Oliver Bens, Reinhard F. Hüttl (Hrsg.), Deutsches GeoForschungsZentrum, Aktuelle Probleme im Wasserhaushalt von Nordostdeutschland, Scientific Technical Report STR10/10

[18] Knut Kaiser, Judy Libra, Bruno Merz, Oliver Bens, Reinhard F. Hüttl (Hrsg.), Deutsches GeoForschungsZentrum, Aktuelle Probleme im Wasserhaushalt von Nordostdeutschland, Scientific Technical Report STR10/10

In dem der Begriff der „Renaturierung" gemeinsam mit dem neuen Wert, den er enthält, von dem Sozium anerkannt wurde, begann eine neue Ordnung für das Zusammenwirken der Gesellschaft. Der Mensch erkannte nun realistisch an dass er nicht Herr über der Natur sein kann, dass diese ihm nicht unterliegt, und damit begann das Ende der Zerstörung der Natur durch den Eingriff des Menschen in das biologische Gleichgewicht unserer Welt.

7. Schlussfolgerung

Ökologische Systeme, die Frischwasser enthalten, ergeben weniger als 0,01 Prozent des gesamten Wassers von unserem Planeten, beeinflussen den globalen biologischen Vielfalt der Erde jedoch bedeutend. Ungefähr 12 Prozent aller Lebewesen unseres Planeten leben in Flüssen, einschließlich 40 Prozent aller Fischarten. Die Flüsse als Lebensräume sind äußerst wichtig für viele Tiere und Pflanzen. So, zum Beispiel, im Süd-Westen von den USA verbringen 80 Prozent aller Wirbeltiere mehr als die Hälfte ihres Lebens in den Lebensräumen, die die Flüsse ergeben.

Zum aktuellen Zeitpunkt ist der größte Teil der Feuchtgebiete in den Becken der Flüsse schon zerstört, und das effektive Funktionieren der Wasser-ökologischen Systeme verringert sich stark.

Die europäischen Länder fahren damit fort eine ständig wachsende Menge von Wasser zu gebrauchen. Ganze Flüsse sind verschwunden, weil ihr gesamtes Wasser aufgebraucht worden ist. Es gibt so gut wie überhaupt keine Flüsse mehr in Europa, die nicht durch Dämme oder Begradigungen verbaut worden sind. [19]

Die grundlegenden Verbraucher von Wasser in der Welt sind die Landwirtschaft (67%), die Industrie (19%) und die Wirtschaft der Stadtgemeinden (9%). Diese Verbrauche werden weiterhin das Wasser aus denjenigen Ressourcen verbrauchen, welche nötig sind um die Umwelt-Systeme zu erhalten. Es wird prognostiziert, das in dem Jahr 2025 nur für die Bewässerung zu 15 – 20 Prozent mehr Wasser verbraucht werden wird als zum heutigen Zeitpunkt. [20]

Fast 100 Länder teilen nur 13 große Seen und Flüsse. In der Welt gibt es 263 Internationale Becken, die die politischen Grenzen von zwei oder mehr Ländern überkreuzen. Diese Becken, auf dem Territorium von welchen ungefähr 40 Prozent der Bevölkerung der Erde lebt nehmen fast die Hälfte der Erdoberfläche ein und enthalten 60 Prozent des gesamten Frischwassers der Welt. In den Grenzen von den internationalen Flussbecken befinden sich die Territorien 145

---

[19] Norbert Niehoff, Ökologische Bewertung von Fließgewässerlandschaften: Grundlage für Renaturierung und Sanierung, Springer-Verlag, 07.03.2013, S. 13 – 98

[20] Norbert Niehoff, Ökologische Bewertung von Fließgewässerlandschaften: Grundlage für Renaturierung und Sanierung, Springer-Verlag, 07.03.2013, S. 13 – 98

Ländern. Alleine die Donau deckt das Territorium 18 Ländern ab. Die Wahrscheinlichkeit von Konflikten um Die Ressourcen von Frischwasser ist nicht ausgeschlossen. Deshalb kann man sagen, dass Flüsse, die mehr als ein Land überkreuzen eine große strategische Bedeutung haben. Dabei ist es ein Grund für Besorgtheit für Länder die sich in dem unteren Lauf von Flüssen befinden, wenn im oberen Lauf Dämme gebaut werden, denn dadurch wird die Menge von Wasser die für das Land verfügbar bleibt, verringert. Der Bau von Dämmen verringert ebenfalls die Menge von Wasser welches in die Meere fließt, was das biologische Gleichgewicht zerstört.

In dem Jahr 2000 gab es offiziell mindestens 45 Tausend großer Dämme. Nach der Bestimmung von Internationalen Kommission für große Dämme (ICOLD) kann man einen Damm dann groß nennen, wenn er mindestens 15 Meter hoch ist. Außerdem zählen die Dämme die von 5 m bis 15 m groß sind auch zu den großen Dämmen, wenn das Volumen von deren Reservoir mehr als 3 Millionen von Kubikmeter beträgt. Zum heutigen Zeitpunkt gibt es an fast der Hälfte von allen großen Flüssen in der Welt mindestens einen großen Damm. Drei Viertel von allen großen Dämmen befinden sich in nur fünf Ländern. Das sind China (mit 22000 Dämmen was 45 % beträgt), die USA (6575 Dämme, 14 %), Indien (4291 Dämme, 9%), Japan (2675, 6%), und Spanien (1198, 3%).

Von den 1930 –er bis zu den 1970 – er Jahren war der Bau von großen Dämmen in dem Bewusstsein der Gesellschaft gleich dem hohen Niveau der gesellschaftlichen Entwicklung und des ökonomischen Fortschritts. Dieser Trend erreichte seinen Höhepunkt in den 70 – er Jahren, wenn täglich 2 – 3 neue große Dämme weltweit in Betrieb gesetzt wurden.

Im Moment befindet sich die Menschheit auf dem Rückweg von einer solchen Täuschung. Dämme werden aktiv abgeschaffen. Wenn es noch einen Weg gibt die Natur zu retten, gibt es für eine Chance und wir müssen sie nutzen. Es wurde viel gesagt über die Bedeutung von Fließgewässern. Es wurden Beispiele eingebracht, die bezeugen, dass Aktivität die den Schutz der Umwelt, genauer genommen der Flüsse unbedingt früher oder später positive Ergebnisse bringt. Wenn man das Bewusstsein und die Achtung der gesamten Gesellschaft auf dieser Tatsache fokussieren könnte, gäbe es mehr Chancen die Umwelt erfolgreich zu beschützen. Werden wir hoffen, dass das Bewusstsein der Menschen, dass teilweise heutzutage schon erwacht auch in der Zukunft immer mehr offen sein wird für unsere Natur, die unsere Fürsorge und unsere Verantwortlichkeit braucht.

Literaturverzeichnis

Alexandra Feilen, Der barrierefreie Naturerlebnispfad, Diplomica Verlag, 2008, S. 29 – 39

Heinz Patt, Fließgewässer- und Auenentwicklung: Grundlagen und Erfahrungen, Springer-Verlag, 22.02.2016, S. 6 - 165

Jörg Bergstedt, Biotopschutz in der Praxis: Grundlagen -Techniken - Fordermoglichkeiten - Grundlagen - Planung – Handlungsmöglichkeiten, John Wiley & Sons, 19.09.2012, S. 1 – 89

Knut Kaiser, Bruno Merz, Oliver Bens, Reinhard F. Hüttl, Historische Perspektiven auf Wasserhaushalt und Wassernutzung in Mitteleuropa, Waxmann Verlag, 2012, S. 9 – 165

Knut Kaiser, Judy Libra, Bruno Merz, Oliver Bens, Reinhard F. Hüttl (Hrsg.), Deutsches GeoForschungsZentrum, Aktuelle Probleme im Wasserhaushalt von Nordostdeutschland, Scientific Technical Report STR10/10

Norbert Niehoff, Ökologische Bewertung von Fließgewässerlandschaften: Grundlage für Renaturierung und Sanierung, Springer-Verlag, 07.03.2013, S. 13 – 98

Stefan Zerbe, Gerhard Wiegleb, Renaturierung von Ökosystemen in Mitteleuropa, Springer-Verlag, 25.01.2016, S. 95 - 122

Wolfgang Dickhaut, André Schwark, Karin Franke, Fließgewässerrenaturierung heute: auf dem Weg zur Umsetzung der Wasserrahmenrichtlinie, BoD – Books on Demand, 2006, S. 6 – 42